In

Erinnerung

an

Albert Einsteins

Wunderjahr

1905

Dr. rer. pol. Erik Kolek

In Erinnerung an Albert Einsteins Wunderjahr 1905

Chroniken der Wirtschaftsinformatik-Physik (CWIP)

Band 4, Auflagen-Nr. 1.0

2025

Impressum

Copyright © 2025 Alle Rechte vorbehalten: Dr. rer. pol. Erik Kolek Autor des vorliegenden Buches und Herausgeber der Chroniken der Wirtschaftsinformatik-Physik (CWIP) digital und als Printversion veröffentlicht über Publish: BoD · Books on Demand GmbH, Überseering 33, 22297 Hamburg, Germany, bod@bod.de. Print: Libri Plureos GmbH, Friedensallee 273, 22763 Hamburg, Germany.

Wissenschaftliche Zitierung:

Kolek, Erik (2025). In Erinnerung an Albert Einsteins Wunderjahr 1905. In: *Chroniken der Wirtschaftsinformatik-Physik (CWIP)*. Band 4, Auflagen-Nr. 1.0. ISBN: 978-3-8482-6614-2.

Die Chroniken der Wirtschaftsinformatik-Physik (CWIP) bestehen aus zitierten bedeutsamen wissenschaftlichen Abhandlungen und den einzeln veröffentlichten Forschungsartikeln des Autors Dr. rer. pol. Erik Kolek. Als ein Autor und ein Herausgeber der Chroniken der Wirtschaftsinformatik-Physik (CWIP) ist Dr. rer. pol. Erik Kolek (erster.kontakt@erikkolek.de) auch verantwortlich für Lektorat, Übersetzung, Satz, Gestaltung (inklusive Umschlag), Texte, Bilder und Titelbild. Verlag: BoD • Books on Demand GmbH, Überseering 33, 22297 Hamburg, Germany, bod@bod.de. Druck: Libri Plureos GmbH, Friedensallee 273, 22763 Hamburg, Germany.

Bibliografische Information der Deutschen Nationalbibliothek: Die Deutsche Nationalbibliothek verzeichnet diese Publikation in der Deutschen Nationalbibliografie; detaillierte bibliografische Daten sind im Internet über dnb.dnb.de abrufbar. Das vorliegende Werk einschließlich aller Inhalte ist urheberrechtlich geschützt. Alle Rechte sind dem Autor bzw. Herausgeber vorbehalten. Nachdruck und Reproduktion (auch auszugsweise) in irgendeiner Form (Druck, Fotokopie oder anderes Verfahren) sowie die Einspeicherung, Verarbeitung, Vervielfältigung und Verbreitung mit Hilfe elektronischer Systeme jeglicher Art, gesamt oder auszugsweise, ist ohne ausdrückliche schriftliche Genehmigung des

Kolek, Erik (2025). In Erinnerung an Albert Einsteins Wunderjahr 1905. In: *Chroniken der Wirtschaftsinformatik-Physik (CWIP)*. Band 4, Auflagen-Nr. 1.0. ISBN: 978-3-8482-6614-2.

Vorwort

In diesem Büchlein werden Erweiterungen folgender Fachartikel von Albert Einstein beschrieben durch Erik Kolek:

- Über einen die Erzeugung und Verwandlung des Lichtes betreffenden heuristischen Gesichtspunkt. [*Annalen der Physik* 17, 132, (1905a)]
- Über die von der molekularkinetischen Theorie der Wärme geforderte Bewegung von in ruhenden Flüssigkeiten suspendierten Teilchen. [*Annalen der Physik* 17, 549, (1905b)]
- Zur Elektrodynamik bewegter Körper. [*Annalen der Physik* 17, 891, (1905c)]
- Ist die Trägheit eines Körpers von seinem Energieinhalt abhängig? [*Annalen der Physik* 18, 639, (1905d)]
- Eine neue Bestimmung der Moleküldimensionen [*Annalen der Physik* 19, 289, (1906)]

Es werden nur die Erweiterungen von Erik Kolek der genannten Fachartikel aufgezeigt. Diese Fachartikel werden als bekannt vorausgesetzt. Es handelt sich hierbei um die bekannten Artikel aus Albert Einsteins Wunderjahr 1905. 120 Jahre ist es nun her, dass diese Artikel in den *Annalen der Physik* erschienen sind. Albert Einstein war zu diesem Zeitpunkt noch Patentamtsangestellter in Bern. Später im Jahr 1921 erhielt Albert Einstein den Nobelpreis für diese Arbeit und zwar für den photoelektrischen Effekt und eben nicht für die Relativitätstheorie.

Im Weiteren wird es um die Lichtmenge beziehungsweise Lichtgeschwindigkeit gehen. Es werden neue auf Albert Einstein basierende Gleichungen eingeführt. Es wird aufgezeigt, dass die Lichtgeschwindigkeit keine Grenze hat. Die Theorie der Wärme wird anhand der Temperatur verdeutlicht. Elektronen, also geladene Teilchen, können keine Lichtgeschwindigkeit erreichen. Im Weiteren geht es um die Strahlung von Neutronensternen und Schwarzen Löchern. In diesem Kontext werden ebene Gravitationswellen diskutiert. Eine neue Bestimmung der Moleküldimensionen wird exakter berechenbar. Die aufgezeigten Erweiterungen der fünf *Annalen der Physik-*

Kolek, Erik (2025). In Erinnerung an Albert Einsteins Wunderjahr 1905. In: *Chroniken der Wirtschaftsinformatik-Physik (CWIP)*. Band 4, Auflagen-Nr. 1.0. ISBN: 978-3-8482-6614-2.

Fachartikel entsprechen nur Meinungen von Erik Kolek. Es sind mögliche Ansatzpunkte, die in Summe brauchbare Forschungsergebnisse lieferten. Für ein Verständnis der Inhalte werden Kenntnisse der Mathematik der theoretischen Physik benötigt.

Dem Leser beziehungsweise der Leserin wird empfohlen die Erweiterungen in der vorgegebenen Reihenfolge zu lesen. Lange Inhaltsätze sind mit etwas Ausdauer und Fleiß zu lesen. Zuerst müssen jedoch die Fachartikel gelesen worden sein, da sonst kein Verständnis der Materie entstehen kann. Letztere Artikel werden hier nicht aus urheberrechtlichen Gründen im Ganzen zitiert beziehungsweise abgedruckt. Es handelt sich bei allen Erweiterungen von Erik Kolek um Theorien der theoretischen Physik. Diese Texte wurden modelliert mithilfe von Ansätzen aus der Wirtschaftsinformatik. Diese Modellrepräsentationen werden im folgenden vorgestellt.

Schwäbisch Hall, den 09. Mai 2025.

Kolek, Erik (2025). In Erinnerung an Albert Einsteins Wunderjahr 1905. In: *Chroniken der Wirtschaftsinformatik-Physik (CWIP)*. Band 4, Auflagen-Nr. 1.0. ISBN: 978-3-8482-6614-2.

Erik Kolek

Doktor der Wirtschaftswissenschaften (Dr. rer. pol.)

Diplom-Betriebswirt (FH), M.A., M.Sc.

Kolek, Erik (2025). In Erinnerung an Albert Einsteins Wunderjahr 1905. In: *Chroniken der Wirtschaftsinformatik-Physik (CWIP)*. Band 4, Auflagen-Nr. 1.0. ISBN: 978-3-8482-6614-2.

Inhaltsverzeichnis

Kolek, Erik (2025). In Erinnerung an Albert Einsteins Wunderjahr 1905. In: *Chroniken der Wirtschaftsinformatik-Physik (CWIP)*. Band 4, Auflagen-Nr. 1.0. ISBN: 978-3-8482-6614-2.

Wissenschaftliche Zitierung:

Kolek, Erik (2025). Über einen die Erzeugung und Verwandlung des Lichtes betreffenden heuristischen Gesichtspunkt – Eine Erweiterung. In: *In Erinnerung an Albert Einsteins Wunderjahr 1905*. Chroniken der Wirtschaftsinformatik-Physik (CWIP). Band 4, Auflagen-Nr. 1.0.

Über einen die Erzeugung und Verwandlung des Lichtes betreffenden heuristischen Gesichtspunkt – Eine Erweiterung; von E. Kolek.

Zunächst formen wir die letztgenannte Beziehung nach L um und erhalten die absorbierte Lichtmenge L:

$$L = jR\beta v$$

Letztere Gleichung gilt für die Ionisierung der Gase durch ultraviolettes Licht. Diese Aussage kann mittels Experiment bestätigt werden. Für $R\beta v$ setzen wir nun $IIE + P'$ ein und erhalten:

$$L = (IIE + P')j$$

Es handelt sich hierbei um die Funktion der Frequenz des erregenden Lichtes in kartesischen Koordinaten beschrieben. Der Lichtweg stellt hier eine Gerade dar. E ist die Ladung eines Grammäquivalentes eines einwertigen Ions und P' das Potential dieser Menge positiver Elektrizität bezüglich des Lichtes. Zur Bestimmung der Lichtgeschwindigkeit kann folgendes gesagt werden:

$$L = \sqrt[3]{\frac{R}{N}\frac{8\pi v^2}{\varrho_v}T}$$

oder

$$L = \sqrt[3]{\hat{E}\frac{8\pi v^2}{\varrho_v}}$$

Kolek, Erik (2025). In Erinnerung an Albert Einsteins Wunderjahr 1905. In: *Chroniken der Wirtschaftsinformatik-Physik (CWIP)*. Band 4, Auflagen-Nr. 1.0. ISBN: 978-3-8482-6614-2.

Für die Grenze der Lichtgeschwindigkeit erhalten wir demnach folgende Gleichung:

$$\int_0^\infty L^3 dv = \hat{E}\frac{8\pi}{\varrho_v}\int_0^\infty v^2 dv = \infty.$$

Es wird klar ersichtlich, dass es für die Lichtgeschwindigkeit L keine Grenze geben kann, denn diese ist ∞ unendlich. $\hat{E}$ ist hierbei eine Abhängigkeit, denn wenn $\hat{E}$ wächst, wächst auch die Lichtgeschwindigkeit L. Für L lässt sich auch schreiben:

$$L = \sqrt[3]{\frac{\beta}{\alpha}\frac{8\pi R}{N}}$$

Wir gelangen zu dem Schluss, dass die Lichtgeschwindigkeit von der Schwere der Atome abhängig ist. Umso schwerer (leichter) die Atome sind, desto langsamer (schneller) ist die Lichtgeschwindigkeit und umgekehrt.

Schwäbisch Hall, den 07. Mai 2025.

Referenz

Einstein, A. (1905a). Über einen die Erzeugung und Verwandlung des Lichtes betreffenden heuristischen Gesichtspunkt. *Annalen der Physik* 17, 132.

Kolek, Erik (2025). In Erinnerung an Albert Einsteins Wunderjahr 1905. In: *Chroniken der Wirtschaftsinformatik-Physik (CWIP)*. Band 4, Auflagen-Nr. 1.0. ISBN: 978-3-8482-6614-2.

Wissenschaftliche Zitierung:

Kolek, Erik (2025). Über die von der molekularkinetischen Theorie der Wärme geforderte Bewegung von in ruhenden Flüssigkeiten suspendierten Teilchen – Eine Erweiterung. In: *In Erinnerung an Albert Einsteins Wunderjahr 1905*. Chroniken der Wirtschaftsinformatik-Physik (CWIP). Band 4, Auflagen-Nr. 1.0.

Über die von der molekularkinetischen Theorie der Wärme geforderte Bewegung von in ruhenden Flüssigkeiten suspendierten Teilchen – Eine Erweiterung; von E. Kolek.

Die gefundene Beziehung nutzen wir zur Bestimmung der Temperatur T, denn diese ist wichtig für die Aufstellung der Theorie der Wärme:

$$T = \frac{\lambda_x^2 \, 3\pi k P N}{tR}$$

Die Zeit t ist also wichtig, wenn es um die Bestimmung der Temperatur T geht. Es handelt sich hierbei um eine neue Methode zur Bestimmung der wahren Temperatur T der Atome. Die Temperatur T lässt sich auch durch den Diffusionskoeffizienten bestimmen.

$$T = -\, DN6\pi kP$$

Die absolute Temperatur T wird hier negativ, weil der Diffusionskoeffizient der suspendierten Substanz negativ angegeben ist. Die Temperatur T kann auch über den osmotischen Druck p bestimmt werden.

$$T = \frac{pN}{Rv}$$

Der osmotische Druck p hat Einfluss auf die Temperatur T. Die Temperatur T ist also abhängig von der Gesamtzahl der Teilchen N und deren Geschwindigkeit v als gelöstes Material in Flüssigkeiten. Mithilfe der freien Energie lässt sich folgendes bestimmen:

Kolek, Erik (2025). In Erinnerung an Albert Einsteins Wunderjahr 1905. In: *Chroniken der Wirtschaftsinformatik-Physik (CWIP)*. Band 4, Auflagen-Nr. 1.0. ISBN: 978-3-8482-6614-2.

$$T = \frac{-FN}{lgBR}$$

N ist die Anzahl der in einem Gramm Molekül enthaltenen wirklichen Moleküle. Die freie Energie F dieser Moleküle N also bestimmt unsere Theorie der Wärme. Allgemein kann auch formuliert werden:

$$T = \frac{pV^*}{Rz}$$

Letzteres entspricht der klassischen Theorie der Thermodynamik, wobei die Gravitation vernachlässigt wurde. Die hier aufgeworfene Frage hinsichtlich der Theorie der Wärme wurde näher beleuchtet, jedoch bleibt es offen diese wichtige Frage zu entscheiden.

Schwäbisch Hall, den 07. Mai 2025.

Referenz

Einstein, A. (1905b). Über die von der molekularkinetischen Theorie der Wärme geforderte Bewegung von in ruhenden Flüssigkeiten suspendierten Teilchen. *Annalen der Physik* 17, 549.

Kolek, Erik (2025). In Erinnerung an Albert Einsteins Wunderjahr 1905. In: *Chroniken der Wirtschaftsinformatik-Physik (CWIP)*. Band 4, Auflagen-Nr. 1.0. ISBN: 978-3-8482-6614-2.

Wissenschaftliche Zitierung:

Kolek, Erik (2025). Zur Elektrodynamik bewegter Körper – Eine Erweiterung. In: *In Erinnerung an Albert Einsteins Wunderjahr 1905*. Chroniken der Wirtschaftsinformatik-Physik (CWIP). Band 4, Auflagen-Nr. 1.0.

Zur Elektrodynamik bewegter Körper – Eine Erweiterung; von E. Kolek.

Von besonderem Interesse ist folgende Aussage: „Überlichtgeschwindigkeiten haben [...] keine Existenzmöglichkeit" (Einstein, 1905c, S. 920). Diese Hypothese kann entweder angenommen oder verworfen werden. Als Beispiel soll hier ein elektrisch geladenes Teilchen also ein Elektron herangezogen werden hinsichtlich der Bestimmung der Geschwindigkeit. Es gilt $W = v = V$.

$$\frac{A_m}{A_e} = \frac{v}{V} = 1 \ (da \ \frac{V}{V}) = A_m = A_e$$

Die magnetische Ablenkbarkeit A_m ist im Grenzfall der Überlichtgeschwindigkeit gleich der elektrischen Ablenkbarkeit A_e. Diese Beziehung ist dem Experiment zugänglich. Hierzu können oszillierende elektrische und magnetische Felder genutzt werden. Die elektrische Kraft Y gleicht dann der magnetischen Kraft N, da $Y = N \times v/V = N$ ist. Für die Bewegung des Elektrons gilt (A):

$$\frac{d^2x}{dt^2} = \frac{\epsilon}{\mu} \frac{1}{\beta^3} X,$$

$$\frac{d^2y}{dt^2} = \frac{\epsilon}{\mu} \frac{1}{\beta} (Y - N),$$

$$\frac{d^2z}{dt^2} = \frac{\epsilon}{\mu} \frac{1}{\beta} (Z + M).$$

Analog gilt für die Potenzialdifferenz:

Kolek, Erik (2025). In Erinnerung an Albert Einsteins Wunderjahr 1905. In: *Chroniken der Wirtschaftsinformatik-Physik (CWIP)*. Band 4, Auflagen-Nr. 1.0. ISBN: 978-3-8482-6614-2.

$$P = \frac{\mu}{\epsilon} V^2 \left\{ \frac{1}{\sqrt{1-(1)^2}} - 1 \right\}$$

sowie für den Krümmungsradius R =

$$V^2 \frac{\mu}{\epsilon} \times \frac{1}{\sqrt{1-(1)^2}} \times \frac{1}{N}$$

Für die Bewegungsenergie W erhält man:

$$W = \mu V^2 \left(\frac{1}{\sqrt{1-(1)^2}} - 1 \right)$$

W bleibt also unendlich groß wenn W = v = V. Ein langsam beschleunigtes Elektron kann also keine Überlichtgeschwindigkeit erreichen. Besonders nicht weil es sich hierbei um eine ponderable Masse handelt deren Massen wie folgt bestimmt sind:

$$Longitudinale\ Masse = \frac{\mu}{(\sqrt{1-(1)^2})^3}$$

$$Transversale\ Masse = \frac{\mu}{1-(1)^2}$$

Schwäbisch Hall, den 8. Mai 2025.

Referenz

Einstein, A. (1905c). Zur Elektrodynamik bewegter Körper. *Annalen der Physik* 17, 891.

Kolek, Erik (2025). In Erinnerung an Albert Einsteins Wunderjahr 1905. In: *Chroniken der Wirtschaftsinformatik-Physik (CWIP)*. Band 4, Auflagen-Nr. 1.0. ISBN: 978-3-8482-6614-2.

Wissenschaftliche Zitierung:

Kolek, Erik (2025). Ist die Trägheit eines Körpers von seinem Energieinhalt abhängig? – Eine Erweiterung. In: *In Erinnerung an Albert Einsteins Wunderjahr 1905*. Chroniken der Wirtschaftsinformatik-Physik (CWIP). Band 4, Auflagen-Nr. 1.0.

Ist die Trägheit eines Körpers von seinem Energieinhalt abhängig? – Eine Erweiterung; von E. Kolek.

Strahlung kann zwischen emittierenden und absorbierenden Körpern Trägheit übertragen. „Gibt ein Körper die Energie L in Form von Strahlung ab, so verkleinert sich seine Masse um L/V^2" (Einstein, 1905d, S. 641). Verändert sich die Energie um L, dann verändert sich die Masse um L. Die Masse eines Körpers ist also ein Maß für dessen Energieinhalt. Letzteres gilt für Sterne und Schwarze Löcher gleichermaßen.

$$K_1 = K_0 - \frac{L}{V^2}\frac{v^2}{2} = K_0 - \frac{L}{2}$$

Es gilt für die Lichtgeschwindigkeit $v = V$, insbesondere für die Überlichtgeschwindigkeiten. Die Lichtstrahlung bewirkt, dass die kinetische Energie eines Körpers abnimmt. Nimmt ein Körper die Energie L als Strahlung auf, so vergrößert sich seine Masse um L/V^2. Eine erhöhte Strahlungsaufnahme bewirkt einen Massenzuwachs und umgekehrt.

$$H_1 + \frac{L}{\sqrt{1 - (\frac{v}{V})^2}} - \left[E_1 + \left(\frac{L}{2} + \frac{L}{2}\right)\right] - \left[K_1 + L\left(\frac{1}{\sqrt{1 - (\frac{v}{V})^2}} - 1\right)\right] = C$$

$$H_1 - E_1 - L - K_1 + 1 = C$$

$$L = H_1 - E_1 - K_1 + 1 - C$$

Kolek, Erik (2025). In Erinnerung an Albert Einsteins Wunderjahr 1905. In: *Chroniken der Wirtschaftsinformatik-Physik (CWIP)*. Band 4, Auflagen-Nr. 1.0. ISBN: 978-3-8482-6614-2.

Ein Schwarzes Loch kann Energie L in Form von Strahlung aufnehmen und gleichzeitig abgeben, dadurch kommt es zu einer Aussendung von Lichtstrahlen. Seine Masse wird um L/V^2 zunehmen als auch abnehmen. Ein Stern dagegen wird Energie L abstrahlen und Masse um L/V^2 verlieren.

Die Erde nimmt Strahlung in Form von Lichtenergie L auf, dabei vergrößert sich ihre Masse um L/V^2. Das Licht ist also ein Teil der Gravitationswirkung. Dasselbe kann auch für den Mond der Erde angenommen werden sowie für weitere Himmelskörper.

Lichtwellen können äquivalent sein mit Gravitationswellen. Beide Wellenarten sind eben anzusehen. Für die Gravitation könnte dann folgende Gleichung gelten:

$$g^* = g\frac{1 - \frac{v}{V}\cos\varphi}{\sqrt{1 - (\frac{v}{V})^2}}$$

V steht hier für die Lichtgeschwindigkeit. Sendet ein Körper Gravitationswellen aus, dann gilt:

$$E_0 = E_1 + [\frac{G}{2} + \frac{G}{2}]$$

sowie

$$H_0 = H_1 + \frac{G}{\sqrt{1 - (\frac{v}{V})^2}}$$

Weiterhin ist gültig:

$$(H_0 - E_0) - (H_1 - E_1) = G\{\frac{1}{\sqrt{1 - (\frac{v}{V})^2}} - 1\}$$

Da die Gravitationswellenstrahlung konstant ist, gilt:

Kolek, Erik (2025). In Erinnerung an Albert Einsteins Wunderjahr 1905. In: *Chroniken der Wirtschaftsinformatik-Physik (CWIP)*. Band 4, Auflagen-Nr. 1.0. ISBN: 978-3-8482-6614-2.

$$K_0 - K_1 = G\left\{\frac{1}{\sqrt{1-(\frac{v}{V})^2}} - 1\right\}$$

sowie

$$K_0 - K_1 = \frac{G}{V^2}\frac{v^2}{2}$$

Gibt ein Körper die Gravitation G in Form von Wellen ab, so verringert sich seine Masse um G/V^2. Ändert sich die Gravitation, ändert sich die Masse. Letzteres könnte vor allem für Neutronensterne gelten, da diese Gravitationswellen in Impulsen aussenden. Es ist nicht ausgeschlossen, dass diese Beziehung auch für Schwarze Löcher gilt gleichermaßen wie für Sterne.

Schwäbisch Hall, den 09. Mai 2025.

Referenz

Einstein, A. (1905d). Ist die Trägheit eines Körpers von seinem Energieinhalt abhängig?. *Annalen der Physik* 18, 639.

Kolek, Erik (2025). In Erinnerung an Albert Einsteins Wunderjahr 1905. In: *Chroniken der Wirtschaftsinformatik-Physik (CWIP)*. Band 4, Auflagen-Nr. 1.0. ISBN: 978-3-8482-6614-2.

Wissenschaftliche Zitierung:

Kolek, Erik (2025). Eine neue Bestimmung der Moleküldimensionen – Eine Erweiterung. In: *In Erinnerung an Albert Einsteins Wunderjahr 1905*. Chroniken der Wirtschaftsinformatik-Physik (CWIP). Band 4, Auflagen-Nr. 1.0.

Eine neue Bestimmung der Moleküldimensionen – Eine Erweiterung; von E. Kolek.

In Anlehnung an Albert Einstein (1906, S. 304) gilt: „Der auf die Masseneinheit wirkenden osmotischen Kraft" $\frac{1}{\varrho}\frac{\partial p}{\partial x}$ „kann durch die (an den einzelnen gelösten Molekülen angreifende) Kraft" P_x „das Gleichgewicht geleistet werden, wenn"

$$+\frac{1}{\varrho}\frac{\partial p}{\partial x} + P_x = 0$$

Albert Einstein hat in seinem § 3 erzielt:

$$P^3 = \frac{\frac{K^*}{K} - 1}{n\frac{1}{3}\pi}$$

K^* ist der Reibungskoeffizient der Lösung. K der des Lösungsmittels. Eingesetzt in folgende Gleichung ergibt:

$$NP^3 = \frac{3}{4\pi}\frac{m}{\varrho}(\frac{K^*}{K} - 1)$$

$$N\left(\frac{\frac{K^*}{K} - 1}{n\frac{1}{3}\pi}\right) = \frac{3}{4\pi}\frac{m}{\varrho}(\frac{K^*}{K} - 1)$$

$$N\left(\frac{K^*}{K} - 1\right) = n\frac{1 \times 3\pi}{3 \times 4\pi}\frac{m}{\varrho}(\frac{K^*}{K} - 1)$$

Kolek, Erik (2025). In Erinnerung an Albert Einsteins Wunderjahr 1905. In: *Chroniken der Wirtschaftsinformatik-Physik (CWIP)*. Band 4, Auflagen-Nr. 1.0. ISBN: 978-3-8482-6614-2.

$$N = n \frac{3}{12} \frac{m}{\varrho}$$

$$N = \frac{n}{4} \frac{m}{\varrho}$$

n ist die Anzahl der gelösten Moleküle pro Volumeneinheit. ϱ ist die in der Volumeneinheit befindliche Masse des gelösten Stoffes. m ist das Molekulargewicht. Nun können P und N einzeln berechnet werden.

$$N\varrho = nm = N = \frac{nm}{\varrho}$$

N wird also genauer bestimmbar. N kann in die Gleichung für den Diffusionskoeffizienten eingesetzt werden. Es gilt:

$$NP = \frac{RT}{6\pi k} \frac{1}{D}$$

$$P\left(\frac{nm}{4\varrho}\right) = \frac{RT}{6\pi k} \frac{1}{D} = \left(\frac{RT}{6\pi k} \frac{1}{D} \frac{4\varrho}{1}\right)/nm$$

$$P = \frac{\frac{4RT\varrho}{6\pi kD}}{nm}$$

$$P = \frac{\frac{2RT\varrho}{3\pi kD}}{nm}$$

P ist der hydrodynamisch wirksame Molekülradius. N ist die Anzahl der wirklichen Moleküle. Letztere sind nun exakter bestimmbar.

Schwäbisch Hall, den 09. Mai 2025.

Kolek, Erik (2025). In Erinnerung an Albert Einsteins Wunderjahr 1905. In: *Chroniken der Wirtschaftsinformatik-Physik (CWIP)*. Band 4, Auflagen-Nr. 1.0. ISBN: 978-3-8482-6614-2.

Referenz

Einstein, A. (1906). Eine neue Bestimmung der Moleküldimensionen. *Annalen der Physik* 19, 289.

Kolek, Erik (2025). In Erinnerung an Albert Einsteins Wunderjahr 1905. In: *Chroniken der Wirtschaftsinformatik-Physik (CWIP)*. Band 4, Auflagen-Nr. 1.0. ISBN: 978-3-8482-6614-2.

Notizen

Kolek, Erik (2025). In Erinnerung an Albert Einsteins Wunderjahr 1905. In: *Chroniken der Wirtschaftsinformatik-Physik (CWIP)*. Band 4, Auflagen-Nr. 1.0. ISBN: 978-3-8482-6614-2.

Notizen